インプレスR&D [NextPublishing]

技術の泉 SERIES
E-Book / Print Book

Netlifyで始めるサーバーレス開発

竹本 雄貴 著

LINE BotとSlack Appを作りながら学ぶサーバーレス開発！

impress R&D
An impress Group Company

目次

まえがき ·· 4

この本の前提知識・ターゲット ··· 4

本書の扱っている内容 ··· 4

本書の構成 ·· 4

サポート ·· 5

サンプルコード ··· 5

対応環境 ·· 5

免責事項 ·· 6

表記関係について ·· 6

底本について ·· 6

第1章　Netlify入門 ·· 7

1.1　はじめてのNetlify ·· 7

1.2　Netlifyとは？ ·· 16

1.3　サーバーレスアプリケーションとは ····································· 17

第2章　Netlify Functions入門 ··· 19

2.1　FaaSとは ·· 19

2.2　Functionsにハローワールド ·· 20

2.3　netlify-lambdaを使った関数 ·· 23

2.4　Netlify Functionsの用途 ··· 27

2.5　Netlify FunctionsとAWS Lambda ······································ 28

第3章　LINE Bot開発 ·· 30

3.1　LINE Botの仕組み ·· 30

3.2　Developer登録とチャネル登録 ··· 30

3.3　Webhookを受け取る ·· 33

3.4　Reply APIでメッセージに返信する ····································· 37

3.5　LINE Bot開発実践 ·· 43

第4章　Slack App開発 ·· 51

4.1　事前準備 ·· 51

4.2　メッセージのフォーマット ·· 51

4.3　Slash Commands ·· 52

4.4　Events APIの利用 ··· 57

2　│　目次

4.5　Web APIの利用 ……………………………………………………………………60

第5章　この本の後に取り組むべきこと ………………………………………………64
5.1　Netlifyでのサーバーレス開発 …………………………………………………64
5.2　Netlify以外のサーバーレス開発 ………………………………………………64

付録A　Functionsの便利イディオム ……………………………………………………66
A.1　event引数の中身 …………………………………………………………………66
A.2　逆引きシチュエーション …………………………………………………………69

付録B　TypeScript対応 ……………………………………………………………………73
B.1　ボイラープレートの紹介 …………………………………………………………73

あとがき ……………………………………………………………………………………77

まえがき

本書を手にとっていただきありがとうございます。

この本は「JavaScript 初心者」または「サーバーレス初心者」のために執筆しました。サーバーレスの中でも、処理内容だけ書けば動く FaaS という関数の実行環境に特化した内容になっています。

FaaS で有名なものは、AWS Lambda や GCP Cloud Functions があります。「これらのサービスを使いたいけどまだ触れていない」という方は多いのではないでしょうか?

本書では Netlify という無料で FaaS を提供するサービスを利用し、このサービスの使い方を理解しつつ、具体的なアプリケーションとして簡単な LINE Bot や Slack App を作っていきます。

この本の前提知識・ターゲット

本書では、実際に LINE Bot や Slack App を作っていきます。次の内容については、学習をすでに終えているとスムーズに理解が進むでしょう。

・Git/GitHub を使ったことがある。

・JavaScript を触ったことがある。

Git を扱ったことがない方は、湊川あいさんの「わかばちゃんと学ぶ Git 使い方入門」(C&R研究所刊) が親しみやすくてよい解説書だと思います。

また、JavaScript に不安を感じる方は「JavaScript の入門書[1]」の第 1 部 (基礎文法) を並行して読み進めるといいでしょう。「ECMAScript 2018 時代の JavaScript 入門書」と謳って執筆が進められているので、近年の JavaScript がわからないという方にもピッタリでしょう。本書にはそれほど難しいコードが出てくるわけではないので、今から JavaScript も学ぶ方でも問題ありません。

本書の扱っている内容

次のような内容を取り上げます。

・Netlify のサービス紹介、静的サイトのホスティング

・Functions の利用方法

・LINE Bot の開発方法

・Slack App の開発方法

本書は「サーバーレス入門」と名乗りつつ、FaaS を中心に取り扱っています。また、FaaS として一般的に使われている AWS Lambda や GCP Cloud Functions については、ほぼ取り上げず紹介のみにとどめています。そのかわり、FaaS のメリットや手軽さを実感できる内容にしています。

本書の構成

本書では前半で Netlify を通じて FaaS を理解し、後半で LINE や Slack という身近な題材を使って

1.https://jsprimer.net/

FaaSの利用をする、という構成になっています。

前半の第1章ではNetlifyというサービスが何者なのか、どのように利用するのかを説明します。第2章ではFaaSのメリットなどを説明した上で、NetlifyのFaaSサービスであるNetlify Functionsを利用してシンプルな関数を実装してデプロイまで行います。

後半の実践部分である第3章ではLINE、第4章ではSlackといった身近にある題材を使ってNetlify Functionsと組み合わせる実装を行います。

最後の第5章では、Netlify FunctionsでFaaSの基本を理解した入門者が、次に何をすべきかについて筆者の考えを示しています。

サポート

本書の正誤表などの情報は、次のURLで公開しています。

https://github.com/mottox2/netlify-book-support

サンプルコード

本書のサンプルコードはGitHubにホスティングしています。

・第2章/付録A

――https://github.com/mottox2/netlify-functions-examples

・第3章

――https://github.com/mottox2/netlify-line-bot

・第4章

――https://github.com/mottox2/netlify-slack-app

対応環境

本書ではNode.js v10系を導入されている前提で解説をしています。

すでにNode.jsをインストールしているかの確認は、次のコマンドをターミナル（コマンドプロンプト）に入力することで確認できます。インストールされていない場合、バージョン表記は出力されません。

```
$ node -v
v10.13.0
```

Node.jsがインストールされていない方は、公式サイト[2]からインストールを行ってください。Macユーザーの方はhomebrewでのインストールもできるので、そちらも検討してください。

インストール後に先程のコマンドを再度実行し、バージョンが出力されればインストール成功

2.https://nodejs.org/ja/

です。

免責事項

本書に記載された内容は、情報の提供のみを目的としています。したがって、本書を用いた開発、製作、運用は、必ずご自身の責任と判断によって行ってください。これらの情報による開発、製作、運用の結果について、著者はいかなる責任も負いません。

表記関係について

本書に記載されている会社名、製品名などは、一般に各社の登録商標または商標、商品名です。会社名、製品名については、本文中では©、®、™マークなどは表示していません。

底本について

本書籍は、技術系同人誌即売会「技術書典5」で頒布されたものを底本としています。

第1章　Netlify入門

1.1　はじめてのNetlify

Netlifyを使うと簡単にウェブサイトをホスティング（インターネットに公開）することができます。とにかく手軽に使えるサービスなのでまずは触ってみましょう。

ほとんどの機能が無料で使えて、カードを登録せずとも使えるので安心して始められます。

今から行うのは次の3ステップです。（所要時間: 10分程度）

１．Netlifyに登録する

２．プロジェクトを作成してGitHubにpushする

３．GitHubのリポジトリーをNetlifyに紐付ける

さっそくやってみましょう。

STEP1: Netlifyに登録する

まずはNetlifyのアカウントを用意します。GitHubのアカウントは事前に持っている前提で進めていきます。持っていない方はGitHubの会員登録ページから登録しましょう[1]。

すでにNetlifyのアカウントを持っている方はSTEP2に進んでください。

① Netlifyの会員登録ページにアクセスして、「GitHub」を選択します。

会員登録ページ

https://app.netlify.com/signup

1.https://github.com/join

図 1.1: 会員登録ページ

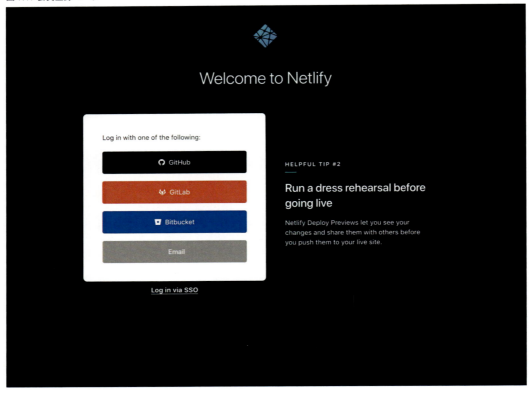

　② 今回はGitHubアカウントを使って登録します。「GitHub」をクリックすると、GitHubの認証画面が表示されるのでアカウント情報を入力します。

8　第1章　Netlify 入門

図 1.2: GitHub との連携ページ

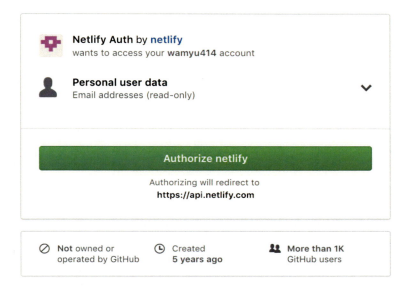

③ この画面が表示されたら登録は完了です。

図1.3: 会員登録完了ページ

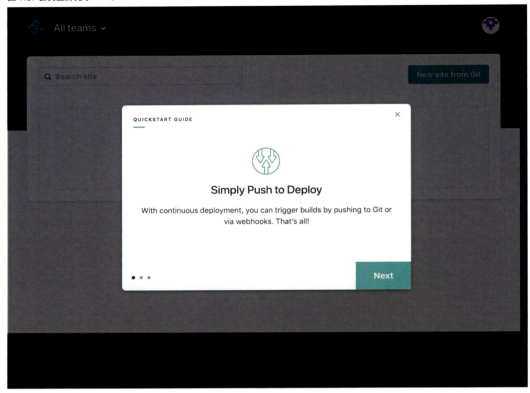

STEP2: ホスティングするリポジトリーを作成する

　Netlifyでホスティングするには次の方法があります。
　１．ローカルのフォルダーをUploadする
　２．GitHub/GitLab/Bitbucketにホスティングしている Git リポジトリーと連携する
本書では2のGitHubにホスティングしているリポジトリーを紐付ける方法を取扱います。
① GitHubにリポジトリーを作成します。

リポジトリー作成ページ

https://github.com/new

---

　② お使いのPCでpublicというディレクトリを作成し、次の内容のindex.htmlをpublicディレクトリ内に作成しましょう。

index.html
```
<html>
<body>
  <h1>Hello Netlify</h1>
```

```
</body>
</html>
```

ディレクトリ構成は次のようになります。

ディレクトリ構造
```
└ public/
  └ index.html
```

③ ②のコードを①で作成したGitHubのリポジトリにpushしましょう。

```
$ git init
$ git add .
$ git commit -m 'First commit'
$ git remote add origin [GitHubのリポジトリのURL]
$ git push -u origin master
```

③ コードを作成したGitHubのリポジトリにpushしましょう。

STEP3: GitHubのリポジトリをNetlifyに紐付ける

STEP2で作成したリポジトリとNetlifyを紐づけていきます。

① Netlifyにログインした画面の右上にある「New site from Git」ボタンをクリックしましょう。

図1.4: サイト一覧画面

② Gitプロバイダの選択画面が表示されるので「GitHub」を選択しましょう。

図1.5: Gitプロバイダの選択画面

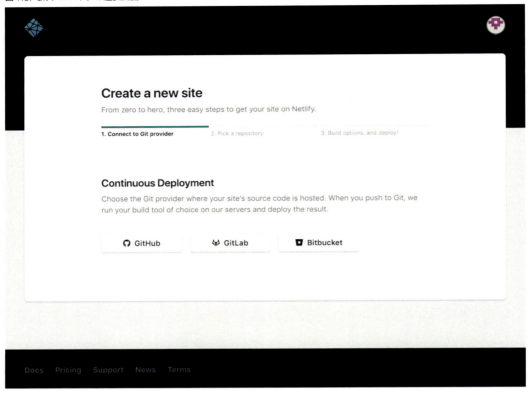

③ GitHubを選択すると、リポジトリーの選択画面が表示されるので、STEP2で作成したリポジトリーをクリックします。

図 1.6: リポジトリ一覧画面

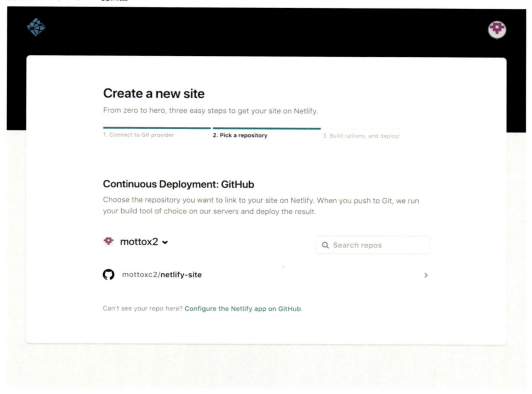

④ ビルド時に実行するコマンドと公開ディレクトリの設定を入力し「Deploy Site」ボタンをクリック（今回はPublish directory に public と入力してください）

第 1 章　Netlify 入門　13

図 1.7: サイト設定画面

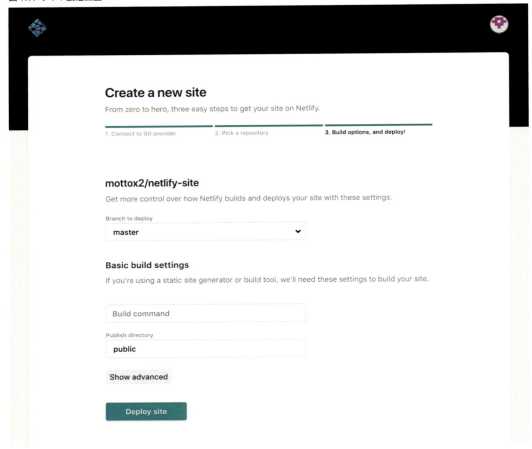

⑤ 設定が完了すると次のような画面に切り替わります。しばらく待つと URL が表示されるので、ブラウザーでその URL を開いてみましょう。「Hello Netlify」と表示されていれば成功です。

14　第 1 章　Netlify 入門

図 1.8: サイト詳細画面

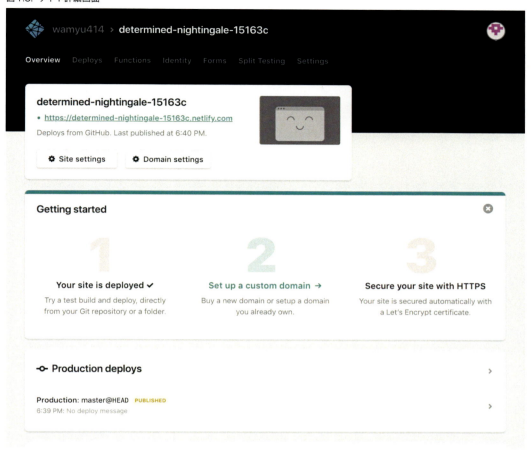

図 1.9: アップロードしたサイト

1.2 Netlifyとは？

図 1.10: Netlify の公式サイト

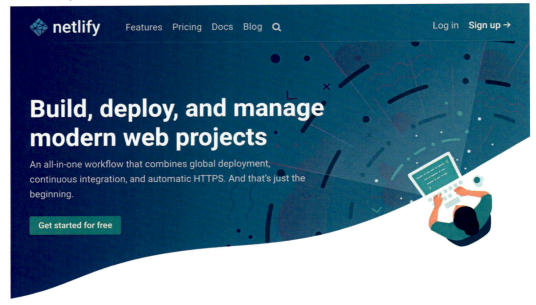

このような簡単な手順でWebサイトのホスティングができました。本来、Webサイトを公開するにはサーバーを借りたり、Webサーバーの設定をしたりする必要があるのですが、Netlifyでは簡単にWebサイトを公開できます。

一体、Netlifyとはどういうサービスなのでしょうか？

Netlifyを一言でいうと「**モダン（現代的）なWebプロジェクトを構築・公開・管理ができるサービス**」です。特徴を確認していきましょう。

Gitベースなワークフロー

昨今のWebサービス開発現場ではGitなどのバージョン管理システムを用いた開発フローが浸透しています。

ソフトウェアエンジニアはGitを用いることで効率的なバージョン管理を手に入れました。さらにGitをベースとしたGitHubやBitBacketなどの開発プラットフォームの登場でIssueやPull Requestが開発フローに組み込まれ、開発プラットフォームと連携するCI/CDツールも発展し、結果として高速に高品質なソフトウェアを生み出すことが可能になりました。

前節ではGitHubのリポジトリーと連携するだけでサイトのデプロイを行いました。Netlifyは昨

今の開発フローと非常に親和性が高く設計されています。

masterやreleaseといった開発者が決めたブランチに新しいコミットが追加されると自動でサイトのデプロイを行ってくれます。

NetlifyはこれだけではなくPull Requestが作られると各Pull Requestごとに確認環境を作ってくれる機能や、各ブランチごとに開発環境を立てる設定などGitに最適化された開発環境を整備してくれます。

静的サイトの立ち上げが容易に

さきほど、述べたようにGitを中心とした開発フローは自社Webサービスを運営している企業では当たり前の技術になっていますが、そうでない企業やサーバーに直にインストールするCMS（Content Management System）を使っているケース未だ存在しており両者のギャップが大きくなっています。

ここに現れたのがNetlifyです。

本書では取り上げませんが、昨今の静的サイトジェネレーターはサーバーにインストールするタイプのCMSを置き換えられるほど充実してきています。

Netlifyは静的サイトジェネレーターを使ったウェブサイト制作の足回りを整えてくれて、サーバー保守にありがちなOS/ミドルウェアの更新や、CMSの脆弱性、サーバーの死活監視などの面倒ごとをなくしてくれます。

こういった静的サイトジェネレーターを扱うことで、Gitの管理下でサイトの運営・改善を行っていくことが可能になります。

また、意外と面倒なSSLの設定やHTTP/2対応がデフォルトで対応されており、自前で静的サイトを立てた場合と比較すると圧倒的に早くすみます。

静的サイトを中心としたバックエンドも作れる

一般に静的サイトというと毎回同じHTMLが返ってくるサイトなので「できることが少ない」と思われがちです。筆者は特にコーポレートサイトを作る際に問い合わせフォームが作れないために採用を見送るという話をよく聞きます。

しかし、Web開発を取り巻く環境は常に進化しており、AWS Lambda, GCP Cloud Functionsを中心とするFaaSサービスや、Firebase AuthenticationやAuth0などの認証機能を提供するFunctonal SaaSサービスなどが登場してきています。

Netlifyはこれらの役割を果たすサービスを提供してくれており、FaaSサービスとしてFunctions、認証サービスとしてIdentify、フォームサービスとしてFormsをそれぞれ提供しています。これらのサービスを利用することで静的サイトにもかかわらず、動的な要素を用意したり、ログイン機能を提供したり、フォームを設置することができます。

1.3　サーバーレスアプリケーションとは

本書のタイトルにも含まれている「サーバーレス」ですが、いろんな解釈が存在します。そこで

本書ではサーバーレスの定義を「サーバーの管理を意識せずにシステムを構築すること」とします。

さきほど紹介した、静的サイトのホスティングではサーバーを意識せずにデプロイできました。また、機能を提供してくれる Functions / Identity / Forms も同様にサーバーレスなアプリケーションを構築する際に役立ちます。

また、Netlify外の動きとしてFirebaseのようなBaaSを使ったサーバーレスアプリケーションの開発が活発になってきています。Firebaseも Netlify と同様に、静的サイトのホスティングを提供する Hosting、関数の実行環境を提供してくれる Cloud Functions、ユーザーの認証機能を提供する Authentication といった機能を提供しています。

両者とも同じような環境を用意していることからもサーバーレス開発へ関心の強さが伺えます。

サーバーレスでハマりがちなポイントが関数単位の実行環境を提供する FaaS の部分です。本書ではサーバーレスの中核を担う FaaS をうまく使えるようになることを目標に、サーバーレス開発の一歩目を後押ししていきます。

次章以降では、Netlifyの提供しているFaaSである「Functions」を中心に取り扱っていきます。

第2章 Netlify Functions入門

NetlifyはモダンなWebプロジェクトの開発を支援してくれるサービスですが、Webサイトのホスティング以外にも多くの機能を持っています。その中でも本書で特にピックアップするのが**Functions**という機能です。

FunctionsはFaaS（Function as a Service）に分類される機能です。本章ではFaaSというジャンルのサービスがどういった役割をするかを説明してから、実際にFunctionsを使って関数のデプロイを実践していきます。

2.1 FaaSとは

FaaSとは**Function as a Service**の略で、関数を実行する環境を提供するサービスのことを言います。

いわゆるPaaS（Platform as a Service）やBaaS（Backend as a Service）と同じように、エンジニアが開発に際して考えることを減らしてくれます。

ここでの「関数」は、HTTPリクエストを受けて実行され、何らかのレスポンスを返す、というものを想定してください。

「関数を実行する環境を提供するサービス」がなぜエンジニアが考えることを減らすか？を考えてみましょう。たとえば、HTTPリクエストを受けてJSONを返すようなAPIを作るとき、全部を自前で作ろうとすると、次のようなものが必要です。

- サーバー
- OS
- リクエストを受けるアプリケーション
- ルーティングのロジック
- 関数

FaaSは関数を作成すると一意のURLが発行され、そのURLを叩くだけでAPIとして利用できるようになります。

第2章　Netlify Functions入門　19

図 2.1: FaaS と一般的なアプリケーションの比較

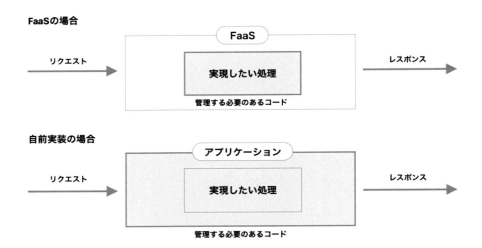

Node.jsで同じようなものを書く必要があるとすれば、expressでリクエストを受けて、URLに応じて適切な関数を実行させる必要があります。すでにNode.jsサーバーがあったら、書き足すだけでいいじゃないか？と思う方もいるかもしれません。しかし、書き足し続けていくと依存パッケージが増えてデプロイ時間が増えたり、依存パッケージの競合で昔の関数が壊れたりするなどの弊害が出てきます。

FaaSであれば関数単位で作るので、依存関係が少ないままで開発できます。

Netlifyを選ぶ理由

筆者がなぜ数あるFaaSの中からNetlifyでのFaaSの入門を推しているか？ですが、Netlifyは「始めやすいから」の一点に尽きます。

FaaSとして有名なのはAWSのLambdaとGCPのCloud Functionsですが、これらの利用にはAWSやGCPの登録が必要です。無料枠が用意されてはいますが、他の用途で使っていた場合に意図しない課金が発生する場合があったり、そもそも管理画面が複雑で利用までのハードルが高いと感じます。

一方、Netlifyはほぼ無料で使うことができ、課金するときの確認画面も明確です。

また、NetlifyのGitHub連携は素晴らしく、ブランチやプルリクエストごとにプレビュー環境が立つので快適に開発を進めることが可能です。AWSやGCPであれば、CircleCI/TravisCIなどで別途デプロイ処理を書く必要があるでしょう。

これらの理由から、筆者はNetlify Functionsの利用を薦めています。

2.2 Functionsにハローワールド

それではNetlify Functionsを実際に使ってみましょう。

Functionsを使うには、GitHubでの静的サイトのホスティングと同様に、GitHubのリポジトリと連携して利用します。

静的サイトのホスティングとの差としては次の2点があります。

・Netlifyでは、Functionsを利用する際にどのディレクトリに関数ファイルを置くかを指定する

・Functionsとして動いて欲しいファイルで関数をexportする

Netlifyでは、Functionsを利用する際にどのディレクトリに関数ファイルを置くかを指定する必要があります。設定したディレクトリにあるJSファイルが関数と認識され、固有のURLが生成されます。

この設定をリポジトリーのルートディレクトリに置くnetlify.tomlというTOMLファイル内で行います。

たとえば、functions/以下をFunctionsのディレクトリとして設定するには、次のようなnetlify.tomlを設置します。

netlify.toml

```
[build]
  functions = "functions"
```

次に利用したい関数を作成します。JSファイルをfunctions/hello.jsとして作成しましょう。

functions/hello.js

```
exports.handler = function(event, context, callback) {
  callback(null, {
    statusCode: 200,
    body: "Hello, World"
  });
}
```

Netlify Functionsでは、exports.handlerでexportした関数をNetlifyのFunctionsとして実行できます。

関数の引数event、context、callbackはeventにリクエストの情報が入っており、callbackで関数の出力を調整するものという認識で問題ありません[1]。なおこの形式はAWSのLambdaと同一なので、Google等で調べるときには「Lambda」と検索するのもよいでしょう。

この時点でfunctions/hello.jsとnetlify.tomlのふたつのファイルができました。GitHubにpushして、対応するリポジトリーをNetlifyと紐づけましょう。

この状態でNetlifyの対応するページを見て、Functionsタブを選択してみましょう。図2.2のようにhello.jsという記述があればFunctionsのデプロイは成功です。

---

1. 付録Aで引数の中身を解説しています

第2章　Netlify Functions入門　21

図2.2: Functionsタブを選択した状態

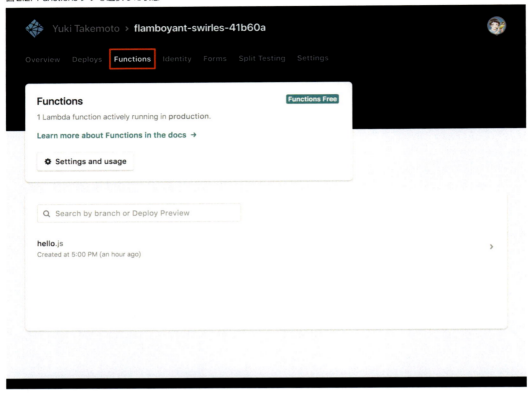

　hello.jsをクリックすると、図2.3のような画面が表示され画面上部にURLが表示されています。このURLをブラウザーで入力するとHello, Worldと表示されるはずです。

図2.3: hello.jsの詳細画面

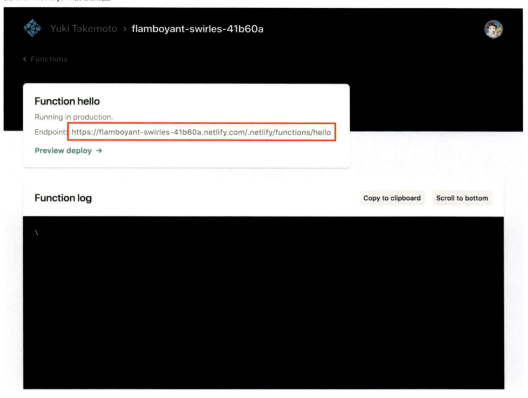

図の場合では、次のURLが割り振られています。

```
https://flamboyant-swirles-41b60a.netlify.com/.netlify/functions/hello
```

これがNetlify Functionsを利用する際の基本的な流れになります。

次の節では複雑な処理を行うために、npmにあるライブラリーを利用した関数を作っていきます。

2.3 netlify-lambdaを使った関数

前節では、非常に単純な関数を作成しました。

ただこの方法だと実行環境で動く記法しか使えませんし、動作を確認するのに毎回GitHubにPushする必要があります。

その際に利用するのが、netlify-lambdaというパッケージです。

netlify-lambdaはwebpackというバンドルツールのラッパーライブラリーです。Netlify Functions用のJSをビルドするための設定がひとまとめになっており、動作環境用の開発サーバーを立ち上げてくれるライブラリーと認識してください。

プロジェクトの準備

　ここでは時間を取り扱うmomentというパッケージを使って、時刻を出力する関数を作っていきます。

　今回用意するのは次の4ファイルです。
・.gitignore - gitで管理するファイルの設定ファイル
・src/hello.js - ソースコード
・package.json - 利用するライブラリーを入力するファイル
・netlify.toml

　npmを利用するプロジェクトでは、package.jsonというファイルを用います。ディレクトリの作成とpackage.jsonの生成を次のコマンドで行います。

```
$ mkdir my_project
$ cd my_project
$ npm init -y
```

　作成したディレクトリに前節で使ったnetlify.tomlも用意しておきます。

netlify.toml
```
[build]
  functions = "functions"
```

ソースコードを用意

　次にmoment.jsをインストールしてソースを書いていきます。次のコマンドでインストールしましょう。

```
$ npm install --save moment
```

　次にこのパッケージを自分のソースから使ってみましょう。src/hello.jsでmomentを使うコードです。

src/hello.js
```
import moment from 'moment'

exports.handler = function(event, context, callback) {
  callback(null, {
    statusCode: 200,
    body: moment().format()
  });
```

24 | 第2章　Netlify Functions 入門

```
  }
```

netlify-lambda を npm scripts で実行する

　次に、netlify-lambda をインストールして実際に使える状態にしていきます。次のコマンドを実行して netlify-lambda のパッケージをインストールしましょう[2]。

```
$ npm install --save netlify-lambda
```

　インストールしたら netlify-lambda を実行する npm scripts を定義します。npm scripts は package.json 内にコマンドを定義すると npm run コマンドで実行できるようになる仕組みです。一般的にビルドや文法チェック、開発環境の立ち上げのコマンドなどプロジェクト内で行うタスクを定義していきます。

　これを定義するには、package.json に scripts というフィールドを定義して記入していきます。編集後の package.json は次のようになります。

　build と serve は netlify-lambda で提供されているコマンドです。src/以下を、それぞれビルド、配信するコマンドです。

　定義したコマンドは「npm run タスク名」の形式で実行できるようになります。

package.json

```
{
  "name": "hello-netlify-functions",
  "version": "1.0.0",
  "main": "index.js",
  "license": "MIT",
  "dependencies": {
    "moment": "^2.22.2",
    "netlify-lambda": "^0.4.0"
  },
  "scripts": {
    "build": "netlify-lambda build src/",
    "serve": "netlify-lambda serve src/"
  }
}
```

　コードを書いたら、実際にちゃんと動くか確認してみます。さきほど定義した serve は、デバッグのためにローカル環境で関数を配信するコマンドです。

---

2. インストールすると node_modules ディレクトリが作成されます。実際のパッケージはこのディレクトリに保存されています。.gitignore に記入して git の管理下に置かないのが慣例です。

次のコマンドを実行して、 http://localhost:9000/hello をブラウザーで開きましょう。
「2018-12-13T17:27:04+09:00」のような文字列が表示されれば正しく動作しています。

```
$ npm run serve
```

Netlify用のビルド設定を行う

後はNetlify上で動作させるだけです。ただ、このままの状態ではNetlifyで動作しません。ビルド（Netlifyの環境向けにJSをバンドル）をする必要があります。ビルドは、npm scriptsで定義したbuildコマンドで行えます。

ここでは次のコマンドを実行してみましょう。functions/ディレクトリにhello.jsが生成されます。

```
$ npm run build
```

ただ、ソースコード管理の作法としてリポジトリーにビルド後のファイルは含めません。デプロイする際にビルドするのが一般的です。

そこでこのファイルはgitの管理対象から外し、Netlify上でビルドコマンドを実行させる必要があります。

ビルドコマンドをNetlifyに設定するために、netlify.tomlを次のように変更します[3]。

netlify.toml
```
[build]
  functions = "functions"
  command = "npm run build"
```

Netlifyと連携して実行結果を確認する

この状態でGitHubにpushしてNetlifyと連携させましょう。生成されたURLを叩いてみると動くはずです（図2.4）。

このようにnetlify-lambdaを使うとビルド設定を気にすることなく、ビルドすることができます。

3章・4章ではこの構成で開発を進めていきます。

3.Build CommandはWebサイト上の「Settings > Build & Deploy > Deploy settings」からも変更できます。

26 | 第2章 Netlify Functions入門

図 2.4: Netlify で動作させた様子

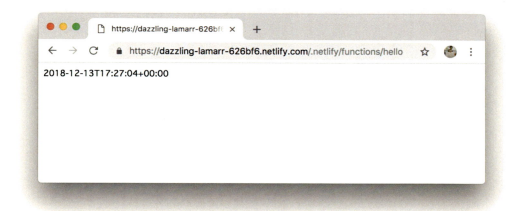

2.4 Netlify Functions の用途

ここまで非常に簡単なパターンの関数を作成し、関数単位でデプロイを行い、動作することが確認できました。

こういった関数を実行するには、次のような方法があります。

・外部アプリケーションからリクエストを受ける
・外部 SaaS の Webhook のリクエストを受ける

外部アプリケーションからリクエストを受ける

フロントエンドやバックエンドのアプリケーションからリクエストを受けて処理を実行する方法です。API として振る舞います。

本書ではアプリケーションからリクエストを受ける形は扱いませんが、外部 API を使ったアプリケーションを作ったことがある方なら、問題なく実現できるでしょう。

Webhook のリクエストを受ける

Webhook は、アプリケーションで特定の動作が行われたときに外部の URL にリクエストする仕組みです。

たとえば GitHub なら commit、push、issue の作成が行われたタイミング、情報共有サービスであれば新規記事や新規コメントのタイミングなどで Webhook を設定することができます。

これらを利用することで、外部のエンジニアでもサービスとサービスをつなげたり、サービスの通知を使ってデータの加工を行うことができます。

また、何らかの WebHook で受け取ったリクエストに対して JSON を返すこともできます。処理中に呼び出し元のサービスに対して API を使った操作を行うことも可能です。

本書では外部アプリケーションとの連携を中心に紹介します。次章以降では、LINE Bot と Slack App を実際に作成し、Netlify Functions を有効活用してみましょう。

2.5 Netlify Functions と AWS Lambda

AWS の FaaS である Lambda を触ったことのある人にはおわかりかもしれませんが、Netlify Functions の実態は AWS Lambda です。なぜ AWS Lambda ではなく Netlify Functions を使うのでしょうか？

理由としては、AWS の複雑さが挙げられます。Amazon Web Service はクラウドサービスを提供するプラットフォームですが、その中に 40 以上のサービスが存在しています。2018 年 10 月までは、AWS Lambda で URL 駆動での発火を利用するためには、Lambda だけでなく API Gateway の設定が必要でした。これは AWS の理解がある程度ないと、始めるのが難しいことを意味しています。この他に、アプリケーションと関数のデプロイの制御など、多くの複雑さと立ち向かう必要があります。

その複雑さをなくしたのが Netlify Functions です。AWS のアカウントが不要、設定は関数のディレクトリのみ。デプロイもアプリケーションと同時、などの特徴で FaaS の敷居を下げています。

ただし、URL は `.netlify/functions/function-name` 形式、メモリは 128MB、関数の実行時間は 10s などの制限は課されます。もし、これらの制限を取り払いたいならば、AWS Lambda の利用を考えるといいでしょう。

Functions の料金プランについて

価格に関して不安な方もいるでしょう。そこで Functions の料金プランについて説明します（2018 年 11 月現在の情報です）[4]。

Functions の無料プランは、プロジェクトごとに一ヶ月間の関数の実行回数と実行時間に制限があります。

とはいえ、無料プランでも実行回数が 12.5 万回、実行時間は 100 時間の制限なので、個人で使う場合でこの制限を超えることはほとんどないでしょう。

有料の Pro プランにすると月 25 ドルで実行回数が 200 万回、実行時間は 1000 時間まで使えるようになります。

また、Enterprise プランでは Functions の実行を自分の AWS アカウントに変更することができ、関数の実行時間制限を伸ばすこともできます。

利用状況はプロジェクトの「Settings > Functions」から確認することができます。図 2.5 のような表示で残り回数や残り時間もあわせて表示させるので安心して利用できます。

28 　第 2 章 Netlify Functions 入門

図2.5: 利用状況の表示

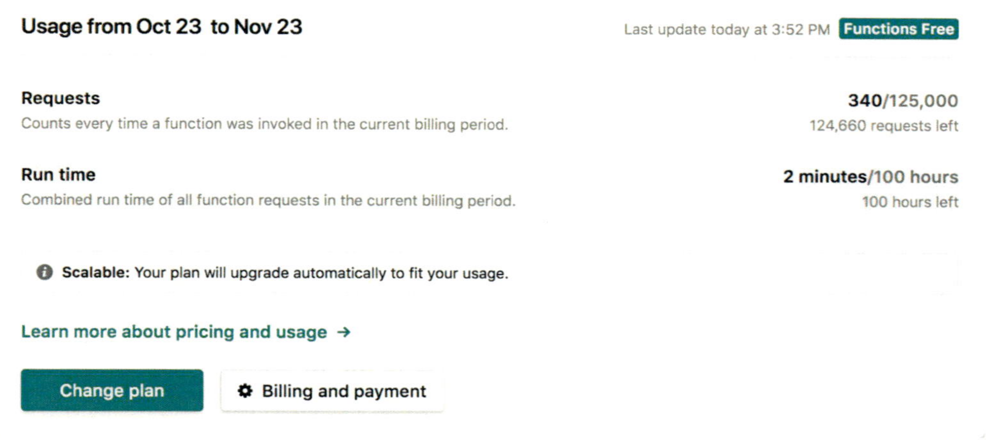

Usage from Oct 23 to Nov 23

Last update today at 3:52 PM **Functions Free**

Requests
Counts every time a function was invoked in the current billing period.

340/125,000
124,660 requests left

Run time
Combined run time of all function requests in the current billing period.

2 minutes/100 hours
100 hours left

ⓘ **Scalable:** Your plan will upgrade automatically to fit your usage.

Learn more about pricing and usage →

Change plan　　⚙ **Billing and payment**

4.https://www.netlify.com/pricing/

第3章　LINE Bot開発

第2章ではNetlify Functionsの利用方法を解説しました。本章では実践的な題材としてLINEの Botを取り上げます。最初に「きまった内容を返すBot」を作り、応用として「LINE Botで完結するシミュレーション」を作っていきます。

3.1　LINE Botの仕組み

LINE BotのメッセージはMessaging APIというAPIを通して送信できます。その中でReply API とPush APIというメッセージの送信手段が提供されています。

Reply APIは読んで字のごとく、ユーザーのメッセージに対して送信を行うAPIです。ユーザーがメッセージを送信した際に、開発者が指定したURLにリクエストが送信されます。受け取ったリクエストにReplyTokenというトークンが付与されているので、そのトークンと返信したいメッセージを使って、指定のエンドポイントにPOSTリクエストを行うことでメッセージが送信できます。

一方のPush APIは、ユーザーのメッセージと関係なくメッセージを送信できるAPIです。Reply APIと違い利用のハードルが高めで、Push APIを利用するには2018年12月現在、LINEの「プロプラン（月額21,600円）」に加入する必要があります。そのため個人で利用するのは難しいかもしれません。

送信するためには、送信したいメッセージを付与してPush用のエンドポイントを叩くだけです。利用する際はLINE Developersのドキュメントを参照してください。

本書では無料で使えるReply APIを使って開発を進めていきます。

3.2　Developer登録とチャネル登録

LINEのAPIを利用するには、まず開発者登録を行う必要があります。また、利用の際にチャネルというアプリケーション情報のようなものを登録する必要があります。

LINE Developersより自分のLINE IDでログインしてください。

LINE Developers

https://developers.line.me/ja

ログインするとプロバイダ選択画面が表示されます（図3.1）。プロバイダは自分のアカウントを選択しましょう[1]。

1.Facebookにおける個人アカウント・グループアカウントの概念に似ています。

図3.1: プロバイダ選択画面

図 3.2: チャネル一覧（未作成時）

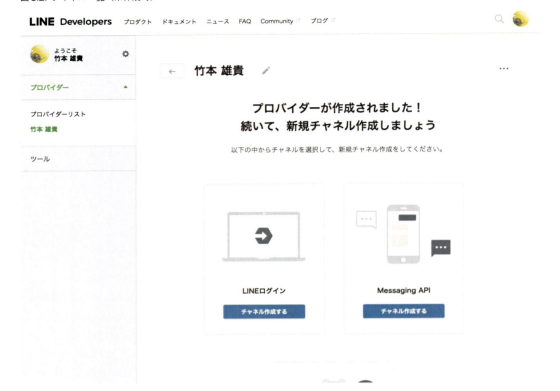

「プロバイダーが作成されました！、続いて、新規チャネル作成しましょう」という画面（図3.2）が表示されるので、今回は「Messaging API」を選択します。

図3.3: チャネル一覧（作成後）

次のアプリ情報フォームは適宜記入して、プランは「Developer Trial」を選択しましょう。確認画面を経由してチャネルの登録完了です（図3.3）。

ここまででLINEのAPIを利用する準備は整いました。

3.3 Webhookを受け取る

アプリケーションを作成する前に、LINEのWebhookがちゃんとNetlifyで受け取れるかを確認しましょう。次の手順で確認します。
1．Netlify Functionsで受け取ったリクエストを表示する関数を用意する
2．LINE側でWebhookのURLにこの関数のURLを設定する

botを友達に登録

まず、さきほど作成したチャネルの設定画面にあるQRコードを、スマートフォンのLINEアプリで読み込んで友達登録をすませましょう。

かなりページの下の方にあるので見逃さないようにしましょう。

図3.4: チャネル設定画面のQRコード

関数を作成

Netlify FunctionsでリクエストをうけてログがReactします関数を作成します。次のコードをsrc/ping.jsとして作成してGitHubにpush、Netlifyと紐づけます。

src/ping.js

```
exports.handler = function(event, context, callback) {
  console.log(JSON.stringify(event, null, 4))
  callback(null, {
    statusCode: 200,
    body: JSON.stringify(event)
  });
}
```

さきほど作成したping.jsのURLを確認し、Function logの画面を見ながらブラウザーでFunctionのURLにアクセスしてみましょう。

図 3.5: Netlify Function の詳細ページ

```
Function log                                          Copy to clipboard    Scroll to bottom

12:24:27 AM: ping invoked
12:24:27 AM: {
    "path": "/.netlify/functions/ping",
    "httpMethod": "GET",
    "headers": {
        "accept": "text/html,application/xhtml+xml,application/xml;q=0.9,image/webp,image/apng,*/*;q=0.8",
        "accept-encoding": "br, gzip",
        "accept-language": "ja-JP,ja;q=0.9,en-US;q=0.8,en;q=0.7,cs;q=0.6,zh-TW;q=0.5,zh;q=0.4,it;q=0.3",
        "cache-control": "no-cache",
        "client-ip": "113.34.69.231",
        "connection": "keep-alive",
        "pragma": "no-cache",
        "upgrade-insecure-requests": "1",
        "user-agent": "Mozilla/5.0 (Macintosh; Intel Mac OS X 10_12_6) AppleWebKit/537.36 (KHTML, like Gecko) Chr
        "via": "https/2 Netlify[2ed67d8f-2e4e-43fe-8973-d555b7473d0d] (ApacheTrafficServer/7.1.4)",
        "x-bb-ab": "0.581129",
        "x-bb-client-request-uuid": "2ed67d8f-2e4e-43fe-8973-d555b7473d0d-1702207",
        "x-bb-ip": "113.34.69.231",
        "x-bb-loop": "1",
        "x-cdn-domain": "www.bitballoon.com",
        "x-country": "JP",
        "x-datadog-parent-id": "247785476703481063",
        "x-datadog-trace-id": "5891842861377429898",
        "x-forwarded-for": "113.34.69.231",
        "x-forwarded-proto": "https",
        "x-language": "ja-JP"
    },
    "queryStringParameters": {},
    "body": "",
    "isBase64Encoded": true

                                                                               Scroll to top
```

　すると図 3.5 のようなログが出力され、リクエストの情報が表示されます。この関数で LINE のリクエストを受ければ LINE からアクセスされたかが確認できます。

LINE Webhook の動作確認

　次に、LINE の Webhook の設定を変更しましょう。

図 3.6: Webhook の設定

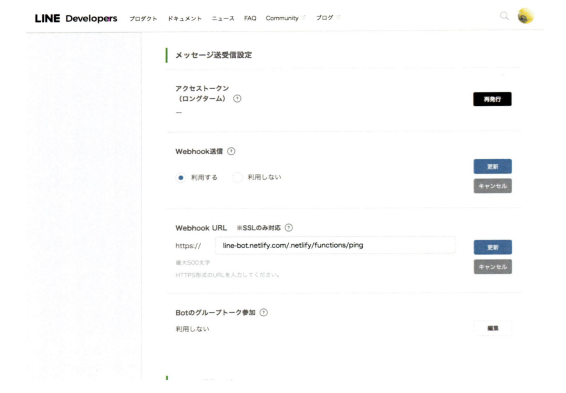

　LINE のチャネル設定画面（図 3.6）に、「Webhook 送信」と「Webhook URL」という項目があるのでそれぞれ「利用する」、「Netlify Functions の API URL」を入力しそれぞれ更新ボタンを押しましょう。

図 3.7: メッセージ送信の Webhook によるログ

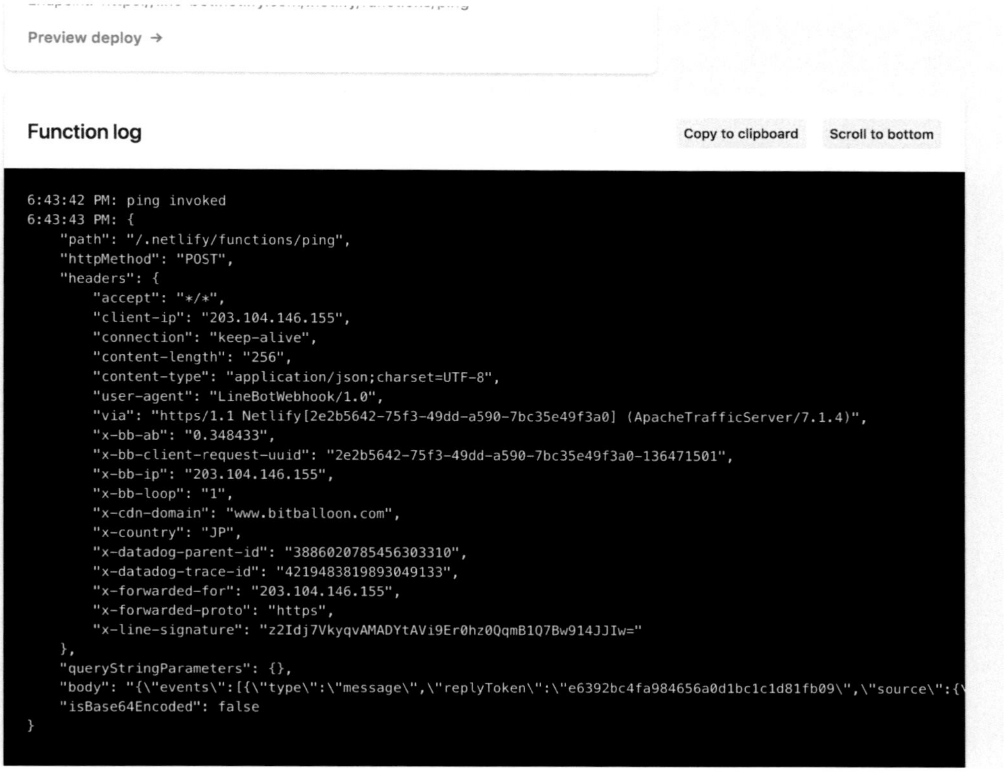

```
                                                        ping
    Preview deploy →


  Function log                                    Copy to clipboard    Scroll to bottom

  6:43:42 PM: ping invoked
  6:43:43 PM: {
      "path": "/.netlify/functions/ping",
      "httpMethod": "POST",
      "headers": {
          "accept": "*/*",
          "client-ip": "203.104.146.155",
          "connection": "keep-alive",
          "content-length": "256",
          "content-type": "application/json;charset=UTF-8",
          "user-agent": "LineBotWebhook/1.0",
          "via": "https/1.1 Netlify[2e2b5642-75f3-49dd-a590-7bc35e49f3a0] (ApacheTrafficServer/7.1.4)",
          "x-bb-ab": "0.348433",
          "x-bb-client-request-uuid": "2e2b5642-75f3-49dd-a590-7bc35e49f3a0-136471501",
          "x-bb-ip": "203.104.146.155",
          "x-bb-loop": "1",
          "x-cdn-domain": "www.bitballoon.com",
          "x-country": "JP",
          "x-datadog-parent-id": "3886020785456303310",
          "x-datadog-trace-id": "4219483819893049133",
          "x-forwarded-for": "203.104.146.155",
          "x-forwarded-proto": "https",
          "x-line-signature": "z2Idj7VkyqvAMADYtAVi9Er0hz0QqmB1Q7Bw914JJIw="
      },
      "queryStringParameters": {},
      "body": "{\"events\":[{\"type\":\"message\",\"replyToken\":\"e6392bc4fa984656a0d1bc1c1d81fb09\",\"source\":{\
      "isBase64Encoded": false
  }
```

　更新後に、メッセージを送信してみたところ図 3.7 のようなログが出力されました。body に適切なデータが入っていることが確認できます。

どんなときに Webhook が実行されるの？

　LINE の Webhook はメッセージの送信、フォロー、フォロー解除、トークルームへの参加・退出などのタイミングで実行されます。

　Webhook のリクエストには type というプロパティがあり、それぞれ message、follow、unfollow などの値が入っているので、プログラム上ではそれを見てなにが起こったか判断していきます。

　具体的なリクエストに関しては、LINE の API リファレンスを見てください。

API リファレンス

`https://developers.line.me/ja/reference/messaging-api/`

3.4　Reply API でメッセージに返信する

　Webhook で Netlify の Function を起動することが確認できたところで、ユーザーのメッセージに対して返信する実装を行います。

Reply APIを利用するにはアクセストークンが必要です。チャネルの編集画面にアクセストーク
ンの項目があるので「再発行」を押してアクセストークンを生成しましょう。以降このトークンを
「チャネルトークン」と表記します。

図3.8: アクセストークンの発行

　あらかじめ、LINE DevelopersのドキュメントからReplyAPIの仕様を確認しておくと次の要件
を満たす必要があります。

ReplyAPIの仕様

https://developers.line.biz/ja/reference/messaging-api/#send-reply-message

---

- https://api.line.me/v2/bot/message/reply へのPOSTリクエスト
- Authorizationヘッダーにはチャネルトークンを含める
- ボディには応答トークン（ReplyToken）を含める
- ボディにメッセージを含める

　なお応答トークンは、Webhookによって得られるトークンです。ここでさきほど受け取ったメッ
セージのWebhookのレスポンスを確認しておきましょう。このレスポンス内のreplyTokenが応答
トークンです。

ユーザーがメッセージを投稿したときのWebhookの中身

```
{
  events: [{
    "replyToken": "nHuyWiB7yP5Zw52FIkcQobQuGDXCTA",
    "type": "message",
    "timestamp": 1462629479859,
    "source": {
      "type": "user",
      "userId": "U4af4980629..."
    },
    "message": {
      "id": "325708",
      "type": "text",
      "text": "Hello, world!"
    }
  }]
}
```

関数の実装

　それでは、実装を始めます。今回はプログラム中でPOSTリクエストを投げる必要があるので、axios
というHTTPクライアントのパッケージを利用します。次のコマンドでインストールしましょう。

```
npm install --save axios
```

　関数の実装をsrc/reply.jsに行いました。axiosでのHTTPリクエストは非同期処理なのでasync
を忘れないようにしてください。

src/reply.js

```
import axios from 'axios'

// 注意: asyncを忘れないように
exports.handler = async function(event, context, callback) {
  const webhookBody = JSON.parse(event.body)
  console.log(webhookBody)

  const data = {
    replyToken: webhookBody.events[0].replyToken,
    messages: [
      {
```

第3章　LINE Bot開発　39

```
        type: 'text',
        text: 'Hello Netlify Bot'
      }
    ]
  }

  const res = await axios.post('https://api.line.me/v2/bot/message/reply', data,
{
    headers: {
      'Content-Type': 'application/json',
      'Authorization': `Bearer ${process.env.CHANNEL_TOKEN}`
    }
  })

  callback(null, {
    statusCode: 200,
    body: JSON.stringify(event)
  })
}
```

環境変数の設定

　ここでのポイントが、チャネルトークンの部分です。

　コード中のprocess.env.CHANNEL_TOKENは環境変数のCHANNEL_TOKENを参照しており、コード上にチャネルトークンが現れないようにしています。

　チャネルトークンはさきほど管理画面で作成したものですが、人の手に渡った場合、なりすましの危険などがあるため外部の人に見せるべきものではありません。こういった値はソースコードに直接書かずに、環境変数として定義するのが一般的です。

図3.9: 環境変数の設定画面

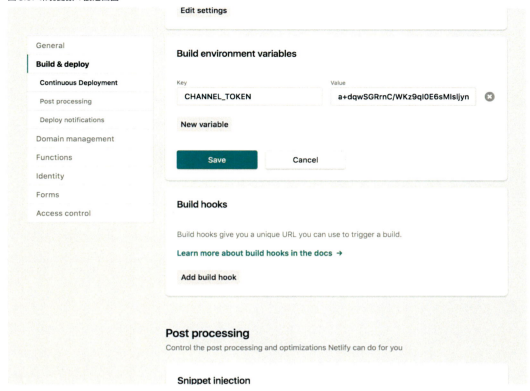

　Netlifyに環境変数を定義するには、Netlifyプロジェクトの設定画面（図3.9）の「Build & Deploy > Build environment variables」から設定できます。keyに「CHANNEL_TOKEN」、valueにLINEの設定画面で取得したチャネルトークンを入力しましょう。次回のデプロイから入力した環境変数が反映されます。

Webhook URLの設定と動作確認

　このコードをPushして、チャネル設定のWebhookURLをreply.jsのURLに書き換えましょう。その上でメッセージを送信すると、プログラム中で指定したメッセージが返信されました。

第3章　LINE Bot 開発　　41

図 3.10: 実行結果

　なおメッセージを送信すると「メッセージありがとうございます！…」という返信が送られてきますが、これはチャネル設定の「LINE@機能の利用 > 自動応答メッセージ」を「利用しない」に変更することで返信をOffにできます。

図3.11: 自動応答メッセージの設定

このような流れでLINE Botが作成できます。

実際にBotを開発する際は、送られてきたメッセージの中身に応じて処理を変えたり、リッチな形式のメッセージを送るといいでしょう。

3.5 LINE Bot開発実践

前節ではLINE Bot開発の入門的な内容を解説しました。本節ではより実践的なLINE Bot開発を行っていきます。

内容としては次のようなものが考えられます。

・既存のWebサービスのAPIを叩いていい感じの結果を返す

・LINE Botで完結するゲーム

・自動対応と人力対応の複合型コンシェルジュ

今回はこの中で、LINE Botで完結するシミュレーションゲームを作っていきます。まず、どんな仕様にするか考えていきます。LINE Developersを見ながら、どんなことができるかを把握しながら進めるといいでしょう。

今回はシミュレーションゲームにピッタリな「クイックリプライ」[2]という仕様があったので、こ

2.https://developers.line.me/ja/docs/messaging-api/using-quick-reply/

れをベースにすすめていきます。図3.12のように決まった返信を用意できるという機能です。

図3.12: Quick Reply の例

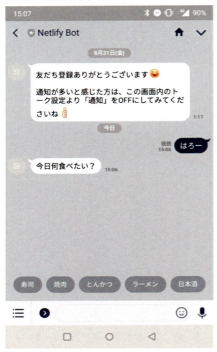

ユーザーが画面下部のボタンを押すことで、キーボードなしで返信ができるようになります。

Reply APIを使用するには、次のようなJSONを送信することでクイックリプライが利用できます。

クイックリプライのJSON

```
{
  "type": "text",
  "text": "今日は何食べたい？",
  "quickReply": {
    "items": [{
        "type": "action",
        "action": {
          "type": "message",
          "label": "寿司",
          "text": "寿司"
        }
    }]
  }
}
```

シミュレーションゲームの核となるのは、「ユーザーが選択肢を選ぶ」→「対応するレスポンスを送信する」という点でしょう。ユーザーが送信するメッセージの形式は、次のように決めました。

```
[1]  選択肢の内容  =>  1のメッセージを返信
[2]  選択肢の内容  =>  2のメッセージを返信
```

まずは最初のメッセージを出すために、「スタート」という文字列を検出したら最初の選択肢を表示する実装をします。

src/game.js

```javascript
import axios from 'axios'

exports.handler = async function(event, context, callback) {
  const webhookBody = JSON.parse(event.body)
  const targetEvent = body.events[0]

  const matchResult = targetEvent.message.text.match(/スタート/)
  if (!matchResult) {
    callback(null, {})
  }

  const data = {
    replyToken: webhookBody.events[0].replyToken,
    messages: [
      {
        type: 'text',
        text: '技術書展の締切りまであと7日、だけど進捗は10%未満。あなたはどうする？',
        quickReply: {
          items: [
            {
              type: 'action',
              action: {
                type: 'message',
                label: '限界まで頑張る',
                text: '[1] 限界まで頑張る'
              }
            },
            // 略
          ]
        }
      }
```

第3章　LINE Bot 開発　　45

```javascript
    ]
  }

  const res = await axios.post('https://api.line.me/v2/bot/message/reply', data,
{
    headers: {
      'Content-Type': 'application/json',
      'Authorization': `Bearer ${process.env.CHANNEL_TOKEN}`
    }
  })

  callback(null, {
    statusCode: 200,
    body: JSON.stringify(event)
  })
}
```

図3.13: 実行結果

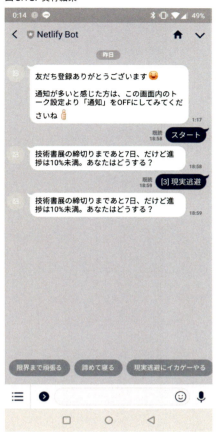

　図3.13がこのコードを実際に動かした結果です。「スタート」という文字列を入力すると、3択の選択肢が表示され選択肢を選ぶと対応するメッセージが送信されます。

　返信をタップしたときに、次の選択肢を出していきましょう。ただ、このままだとコンテンツが増えるたびにgame.jsが肥大化していきます。

　コンテンツが増える際に、ロジックが含まれるgame.jsを変更しないといけないのでは、バグの要因や可読性の低下に繋がります。

　そこでメッセージを検出するロジック（game.js）と、返信するメッセージの中身（gameMessage.js）を分割します。

　ファイルを分割して返信に対応したのが次のコードです。

　このコードであればメッセージを追加する際にはsrc/gameMessage.jsの中身だけを変更すればよいので、ロジックに触れずに内容をカスタマイズできます。

　このような流れでLINEで実行したい処理を実現することができます。GitHubにデプロイするだけで1分弱で反映できる、ということは早く試せるということでもあります。

　Netlify Functionsを使って自分の作りたいLINE Botを作ってみてください。

src/game.js

```javascript
import axios from 'axios'
import messageData from './gameMessages'

exports.handler = async function(event, context, callback) {
  const body = JSON.parse(event.body)
  const targetEvent = body.events[0]
  console.log(JSON.stringify(targetEvent, null , 4))

  // messageイベントでなければ処理を中断
  if (targetEvent.type !== "message") {
    callback(null, {})
  }

  // 次のメッセージを決定するために、"スタート" or "1" などの文字列が入る
  // マッチしなければ処理は中断
  const matchResult = targetEvent.message.text.match(/[\d+]|スタート/)
  if (!matchResult) {
    callback(null, {})
  }

  const messageKey = matchResult[0]
  const data = {
    replyToken: targetEvent.replyToken,
    messages: [messageData[messageKey]]
  }

  await axios.post('https://api.line.me/v2/bot/message/reply', data, {
    headers: {
      'Content-Type': 'application/json',
      'Authorization': `Bearer ${process.env.CHANNEL_TOKEN}`
    }
  })

  callback(null, {
    statusCode: 200,
    body: JSON.stringify(event)
  })
}
```

src/gameMessage.js

```javascript
export default {
  "スタート": {
    type: 'text',
    text: '技術書展の締切りまであと7日、だけど進捗は10%未満。あなたはどうする？',
    quickReply: {
      items: [
        {
          type: 'action',
          action: {
            type: 'message',
            label: '限界まで頑張る',
            text: '[1] 限界まで頑張る'
          }
        },
        {
          type: 'action',
          action: {
            type: 'message',
            label: '諦めて寝る',
            text: '[2] 諦めて寝る'
          }
        },
        {
          type: 'action',
          action: {
            type: 'message',
            label: '現実逃避にイカゲーやる',
            text: '[3] 現実逃避'
          }
        }
      ]
    }
  },
  "1": {
    type: 'text',
    text: '頑張り過ぎず寝るべし'
  },
  "2": {
    type: 'text',
    text: '明日頑張ろう！'
```

```
  },
  "3": {
    type: 'text',
    text: 'スプラ友達募集中',
    quickReply: {
      items: [
        {
          type: 'action',
          action: {
            type: 'message',
            label: 'いいよ',
            text: '[4] いいよ'
          }
        },
        {
          type: 'action',
          action: {
            type: 'message',
            label: 'いやよ',
            text: '[5] いやよ'
          }
        }
      ]
    },
  },
  "4": {
    type: 'text',
    text: '@mottox2 まで連絡ください'
  }
}
```

第4章　Slack App開発

本章では、ビジネス向けメッセージングサービスのSlackでのFunction開発を行います。

SlackにはSlack AppというSlack上で動くアプリケーションを作る仕組みがあります。本章では、Slash Commands、Event API、Web APIを利用したアプリケーションの作り方を取り上げます。

4.1　事前準備

Slackのアカウントは事前に準備してください。また、必須ではありませんが次の準備をしておくと作業がスムーズです。

・個人用のSlackワークスペースの作成
・Slack通知を飛ばすためのチャンネル（ex. slack_test）の作成

今回の章では、Slack Appのインストールが必要になります。Slackワークスペースを無料で使っている場合、ひとつのワークスペースには10個までしかSlack Appをインストールできません。

そこで個人でワークスペースを作って、そのワークスペース上で作業するのが望ましいでしょう。

また、多くのメッセージがプログラムによって投稿されることもあるので、通知テスト用のチャンネルを作っておくとよいでしょう。

4.2　メッセージのフォーマット

Slash Commandsを実装する前に、Slackにおけるメッセージのフォーマットを確認しておきましょう。Slack Appを使って投稿する際には、JSON形式でメッセージのフォーマットを定義できます。

シンプルな例としては、次のようにtextプロパティのみをもつJSONです。ユーザーの投稿とほぼ同じフォーマットで送信されます。

```
{
    "text": "将来は風呂の広い家に住みたいです"
}
```

図4.1: シンプルなメッセージ

次にAttachmentsを付与した例です。外部Webサービスとのインテグレーションで見たことがあ

る人は多いと思います。このフォーマットをうまく使うことでより、ユーザーフレンドリーなSlack Appになります。

```json
{
    "text": "将来の夢",
    "attachments": [
        {
            "color": "#36a64f",
            "title": "正しいものを作りたい",
            "title_link": "https://mottox2.com",
            "text": "正しく作れる気はするので、正しいものを作りたい",
            "footer": "mottox2",
            "footer_icon": "略",
            "ts": 751042800
        }
    ]
}
```

図4.2: Attachment付きのメッセージ

なお、これらのJSONを利用する際には、Content-Typeヘッダーをapplication/jsonにする必要があります。

また、Slack APIのサイトにMessage builderというJSONを書きながらプレビューを確認できるページがあるので、動かしながら確認するといいでしょう。

> **Message Builder**
>
> https://api.slack.com/docs/messages/builder

4.3　Slash Commands

Slash CommandsとはSlackのメッセージ入力欄にスラッシュを入れたときに使えるコマンドです。コマンドに対応する機能を実行することができます。

標準で定義されているもの（ex. /topickや/remind）に加えてSlack Appをインストールすることで独自のコマンドを追加することができます。

コマンドの例として、標準で用意されているtopicコマンドを取り上げます。

次のコマンドをメッセージ欄に入力するとチャンネルのトピックが「技術書典の準備チャンネル」に変更されます。このように、Slash Commandはcommand（topic）とtext（技術書典の準備チャンネル）で構成されています。

コマンド例

```
/topic 技術書典の準備チャンネル
```

図4.3: Slash Commandsの例

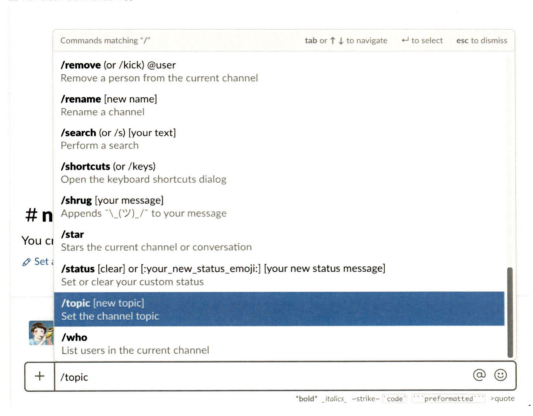

図 4.4: Slash Commands の実行結果

概要をつかめたところで実装に入ります。期待する Slash Command の動作は次のようになります。

1. Slash Command が実行されると、Slack で設定した Request URL で設定した URL にリクエストが投げられます。
2. Netlify Functions でリクエストを受けます。レスポンスとして Slack メッセージ形式の JSON を返します。
3. レスポンスに対応した形式のメッセージが投稿されます。

関数の用意

それでは、Slash Command 用の Function を用意しましょう。次のようなソースを作成して Netlify にデプロイしましょう。デプロイした Function の URL は後ほど Slack の設定で使用します。

src/commands.js

```javascript
exports.handler = function(event, context, callback) {
  const response = {
    "text": "おすすめの泣けるアニメ",
    "attachments": [
      {
        "text":"CLANNAD AFTER STORY"
      },
      {
        "text":"ヴァイオレット・エヴァーガーデン"
      }
    ]
  }

  callback(null, {
    statusCode: 200,
    headers: {
      'Content-Type': 'application/json'
    },
    body: JSON.stringify(response)
  })
}
```

Slack Appの設定

Slack Appとして動作させるには、Slack APIのYour Appでアプリを登録する必要があります。

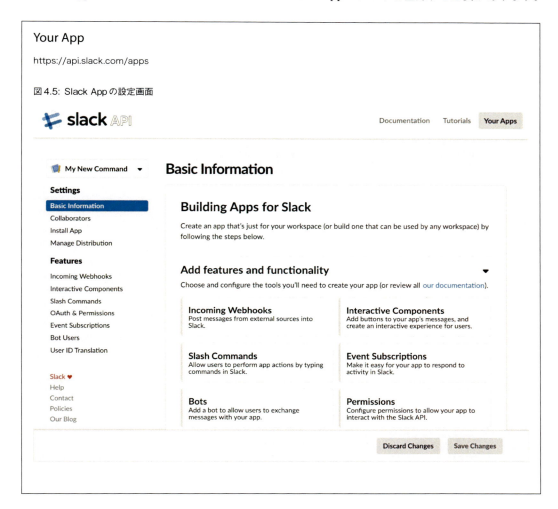

図4.5: Slack Appの設定画面

まずは「Create New App」からフォームを開いてApp NameとDevelopment Work Space（開発中に使うWorkspace）を設定してアプリを作成します。作成するとアプリの設定画面（図4.5）に遷移します。基本的にこの画面でアプリの設定をしていきます。

図 4.6: Slash Commands の設定画面

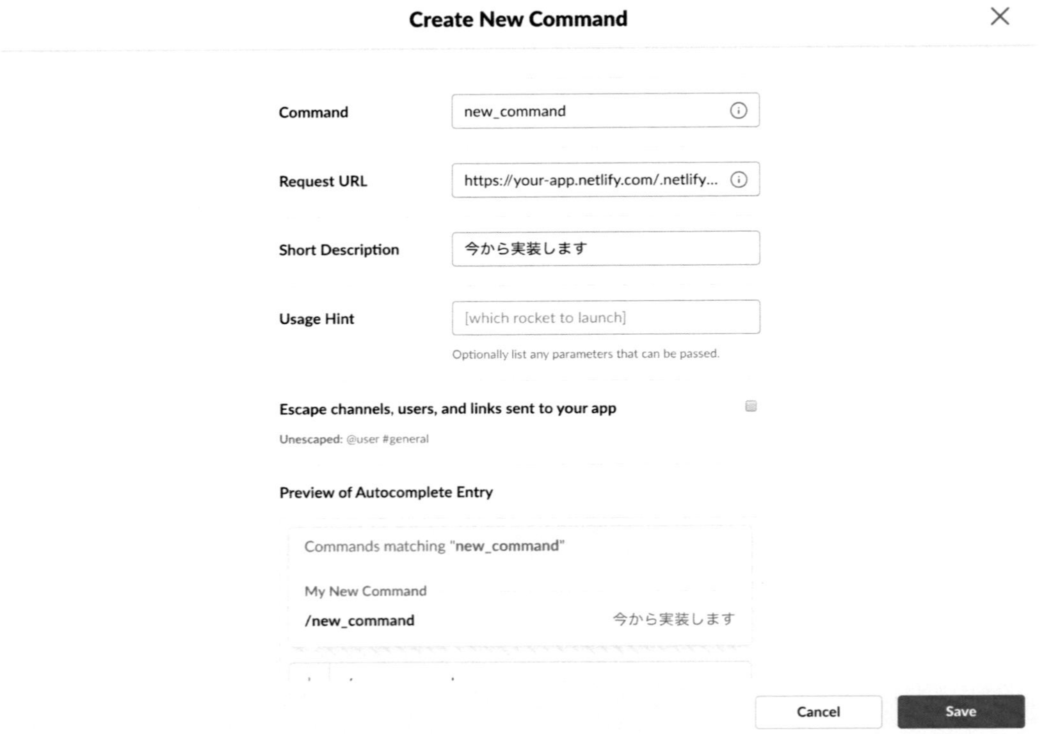

Create New Command ✕

Command	new_command ⓘ
Request URL	https://your-app.netlify.com/.netlify... ⓘ
Short Description	今から実装します
Usage Hint	[which rocket to launch]

Optionally list any parameters that can be passed.

Escape channels, users, and links sent to your app ☐

Unescaped: @user #general

Preview of Autocomplete Entry

Commands matching "**new_command**"

My New Command

/new_command   今から実装します

Cancel   **Save**

　左メニュー「Slash Commands」の「Create New Commnd」を選択するとコマンド作成画面（図4.6）に遷移します。各入力項目の説明が表4.1です。

表 4.1: Slash Commands の設定項目

名前	備考
Commnd	起動のトリガーとなるコマンドです。
Request URL	コマンドが実行されたときにリクエストされる URL です。
Short Description	Slack 上で補完されるときに表示される文字列です。
Usage Hint	Slack 上で補完されるときに引数のヒント文字列です。任意項目。

　「Request URL」にはさきほどデプロイした Function の URL を入力して設定を終えましょう。

Slack App のインストールと動作確認

　実際にコマンドを動かすには、Slack App をワークスペースにインストールする必要があります。

　Slack App 設定画面、左メニューの「Install App」を選択後、「Install App to Workspace」ボタンを押すと認証画面に遷移します。ここで「Authoeize」を選択するとインストール完了です。

　インストールが成功していれば、Slack のメッセージ欄に「/my_command」（登録したコマンド）を入力すると図4.7のようにメッセージが返信されます。

56 ｜ 第 4 章　Slack App 開発

図4.7: 実行結果

> **全員が見えるメッセージにするには**
>
> 自分で実装したSlash Commandsの返答メッセージにはデフォルトで「Only visible to you」と表示されます。つまりSlack Commandsを実行した人にしか見えません。
>
> 他の人に見えるようにするには、レスポンスに「"response_type": "in_channel"」を加える必要があります。
>
> ```
> {
>   "response_type": "in_channel",
>   "text": "This is visible message"
> }
> ```

このようなステップを踏むだけでSlash Commandで任意の処理が呼べるようになりました。もう少し複雑なことをやりたければ、パラメータによって処理を変えたり、内部でAPIを叩いたりするといいでしょう。

4.4 Events APIの利用

Slack AppsでSlash Commandsとともに使用されることが多いのがEvent APIです。

Evnet APIはその名のとおり、Slackのワークスペース内で起きたイベントのAPIです。channel_created（チャンネルが作成される）、file_created（ファイルが作成される）などのイベントがあり、イベントが発生すると開発者が指定したURLにEventの内容が含まれたリクエストが実行されます。

Event APIの設定

Event APIでは、URLを設定する際にURL認証のフローを踏む必要があります。

認証には次のようなリクエストが送られてくるので、リクエスト中のchallengeフィールドの文字列を返す必要あります。

リクエスト

```
{
    "token": "0lclmoMPAtPUNJj12AXLlAQq",
    "challenge": "2KHdk0n4tsms7v28Br5nzFXAJtZJIxgmQaqbHxlIEGFq12keYWZl",
    "type": "url_verification"
}
```

期待されるレスポンス

```
2KHdk0n4tsms7v28Br5nzFXAJtZJIxgmQaqbHxlIEGFq12keYWZl
```

そこで次の内容のsrc/events.jsを作成しましょう。

src/event.js

```
exports.handler = function (event, context, callback) {
  const body = JSON.parse(event.body)
  console.log(JSON.stringify(body, null, 4))

  callback(null, {
    statusCode: 200,
    body: body.challenge
  })
}
```

　この内容でNetlifyにデプロイできたら、Slack Appの設定を行いましょう。

　Slack Appはさきほど作成したものでもいいですし、新たに作成してもらっても構いません。

　今回はSlack App詳細画面の左メニューから「Event Subscriptions」を選択しましょう。この画面でどのURLにリクエストを送るのか、どのイベントを購読するのかを設定します。

　「Enable Events」をOnにするとメニューが展開されるので、「Request URL」にさきほどデプロイした関数のURLを入力しましょう。

　入力したURLにURL認証イベントが発生します。ここで正しいレスポンスが返っていれば、図4.8のように「Verified」と表示されます。

　ここでレスポンスが正しくない場合、赤文字で「Your URL didn't respond with the value of the challenge parameter.」と表示されます。入力したURLまたは実装に問題があるので、この手順を確認しながら再度挑戦してみてください。

58 ｜ 第4章　Slack App開発

図4.8: URL認証が正常だった場合の表示

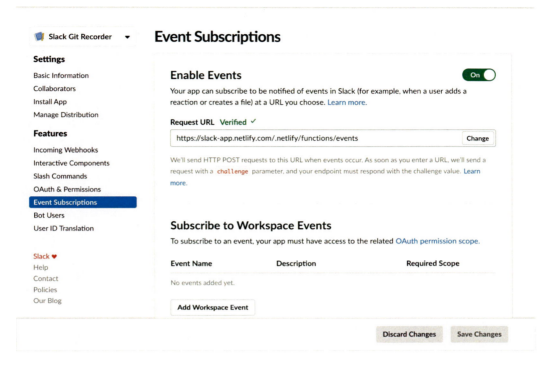

URLが認証されたら、購読するイベントの登録です。ページ内の「Subscribe to Workspace Events > Add Workspace Event」を選択し、購読したいイベントを選択します。今回は「channel_created」を選択してください。

イベントを選択した後、画面下部の「Save Changes」で保存しておきます。

Slack Appのインストールと動作確認

Slash Commandとは別のアプリケーションで作り始めた方は、Slack Appをインストールする必要があります。左メニューの「Install App」を選択肢「Install App to Workspace」ボタンを押すと認証画面になるので「Authoeize」を選択しましょう。

インストールが終わっていれば、チャンネルが作成されたときにNetlifyのエンドポイントにリクエストが投げられるようになります。

ログ画面を見ながらチャンネルをつくってみましょう。次のようなログが出力されればインストールと設定は完了です。

チャンネル追加時のログ

```
2:33:20 AM: {
    "token": "DkvWWRveGKrOzpVNyBLTJJFw",
    "team_id": "",
```

```
    "api_app_id": "",
    "event": {
        "type": "channel_created",
        "channel": {
            "id": "CE65AUGMU",
            "is_channel": true,
            "name": "sample-channel",
            "name_normalized": "sample-channel",
            "created": 1542303199,
            "creator": "U03B6P05R",
            "is_shared": false,
            "is_org_shared": false
        },
        "event_ts": "1542303199.000100"
    },
    "type": "event_callback",
    "event_id": "EvE4567V5F",
    "event_time": 1542303199,
    "authed_users": [
        "U03B6P05R"
    ]
}
```

　次の節ではWeb APIと組み合わせて、受け取ったイベント情報を元にSlackにメッセージを送信します。

4.5　Web APIの利用

　Web APIはSlash CommandやEvent APIとは違い、Slack上でのアクションに関係なくSlack上の情報を追加、取得、削除などを行うことが可能です。

　本節では、Event APIで得られたデータに基づいて、Web APIを叩いてSlack上に通知メッセージを表示させてみましょう。

　題材として新規チャンネルが追加されたタイミングで、特定のチャンネルに通知が届くものを作っていきます。

　次のような流れでメッセージの内容を取得していきます。

1．必要なscope（権限）をSlack Appに与える

2．API利用時に必要なOAuth Tokensの取得

3．Event APIで得られた情報を使ってWeb APIでメッセージを送信する

Scopeの設定

Web APIのscope（権限）はSlack Appで設定した権限に準じます。

つまり必要なAPIを決めたら、そのAPI叩くために必要なscopeを設定する必要があります。

今回使うAPIはchat.postMessageです。チャンネルとメッセージ内容を指定してメッセージを投稿するAPIです。

APIに必要なscopeはドキュメントに書いてあります。ドキュメントの「Works with」欄のUserにあるものが必要なscopeになります。

---

chat.postMessageの仕様

https://api.slack.com/methods/chat.postMessage

今回はchat:write:user, chat:write:botが必要なscopeになります。

Scopeの設定はSlack App左メニューの「OAuth & Permissions」をクリックした画面の「Scope > Select Permission Scopes」から行うことができます。

このscopeを設定して「Save Changes」ボタンを押しておきましょう。

scopeを変更すると、再度インストールされるまで反映されません。左メニューの「Install App」から「Reinstall」ボタンをクリックし再度インストールしましょう。

OAuth Tokensの取得

Web APIの利用にはOAuth Tokensが必要です。Slack Appのインストールが完了していれば左メニュー「Install App」画面に「OAuth Access Token」が表示されています。（図4.9）

第4章　Slack App開発　｜　61

図 4.9: OAuth Token の表示

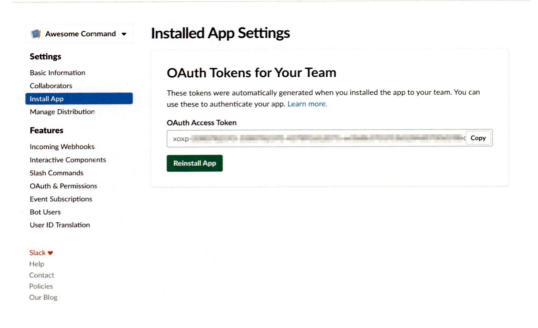

この値をコピーし、Netlify に環境変数「SLACK_TOKEN」として設定しておきましょう。

このトークンは、流出すると外部からアクセスされてしまうので、GitHub などに直接アップロードしないように気をつけましょう。

Web API を叩く

それでは Netlify Function 中で Web API を叩いて情報の取得を進めていきます。

API を使用するために、Slack 公式で提供している JS 用のクライアントライブラリーを利用します。次のコマンドでインストールしましょう。

```
$ npm install --save @slack/client
```

実際に取得するコードは次のようになります。

<#チャンネルの ID> をメッセージの中に書くと、チャンネルへのリンク付きのメッセージになります。また、slack_test には投稿したいチャンネルを入力してください。存在していないチャンネルが指定されるとエラーになってメッセージは投稿されません。

src/events.js

```javascript
import { WebClient } from '@slack/client'

exports.handler = async function (event, context, callback) {
  const body = JSON.parse(event.body)
  const slackEvent = body.event
  console.log(JSON.stringify(body, null, 4))

  if (slackEvent && slackEvent.type === 'channel_created') {
    const web = new WebClient(process.env.SLACK_TOKEN)
    await web.chat.postMessage({
      channel: 'slack_test',
      text: `チャンネルが追加されました: <#${slackEvent.channel.id}>`,
    })
  }

  callback(null, {
    statusCode: 200,
    body: body.challenge
  })
}
```

動作確認

このコードをGitHubにpushし、Netlifyに反映されたのを確認した後、動作確認を行ってみましょう。

新規チャンネルを追加して、ここコードで設定したチャンネルに通知が来るか確認してみます。

次のようなメッセージが投稿されれば成功です。おめでとうございます！

図4.10: チャンネル追加時に投稿されるメッセージ

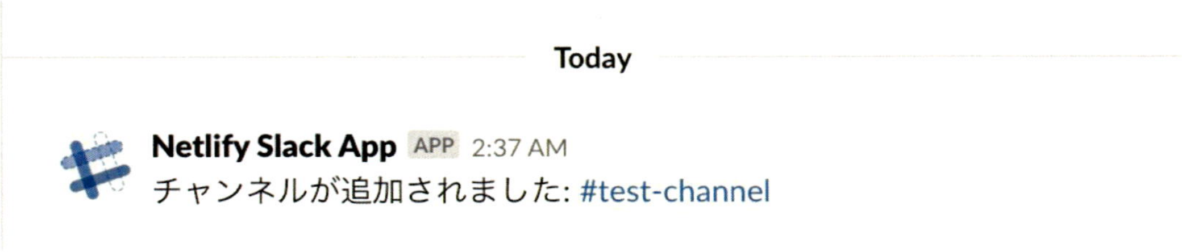

Today

Netlify Slack App APP 2:37 AM
チャンネルが追加されました: #test-channel

この通知をgeneralに流したりすることでSlackの活性化を促したり、新規メンバーに対してのオンボーディングを行うことが可能です。

第5章　この本の後に取り組むべきこと

ここまでNetlify Functionsの利用方法を理解し、LINEとSlackという身近な題材を使ってサーバーレス開発を体験しました。本章ではこの本を読んだ後に取り組むべきなことを紹介します。

5.1　Netlifyでのサーバーレス開発

1章で紹介したように、Netlifyは静的サイトのホスティングを簡単に行うことができるサービスです。

より実践的なサーバーレスアプリケーションを作るのであれば、フロントエンドアプリケーションをデプロイしFunctionsと組み合わせるといいでしょう。

ReactやVueといったJavaScriptのViewライブラリー／フレームワークでフロントエンドのアプリケーションを作り、アプリケーション内でFunctionsと通信するような処理を書けば、立派なサーバーレスアプリケーションといえるでしょう。

5.2　Netlify以外のサーバーレス開発

Netlify Functionsは一般的なFaaSと異なり、起動方法としてURLしか提供されていません。もっと深掘りしたい場合、URLだけではできることが少なめです。

そこで、筆者としてこの後に取り組んで欲しいのは、GAS（Google Apps Script）やAWS Lambda、GCP Cloud Functionsといったクラウドサービスで提供されているFaaSサービスです。

これらのサービスであれば、プラットフォームのサービスによる起動や定期実行もサポートされているので、より幅広い処理を実現することができます。

GAS（Google Apps Script）

Google Apps ScriptはGoogleの各種サービス（SpreadSheetやCalendarなど）と連携した処理をJavaScriptで書けるサービスです。多少癖がありながらも無料で使うことができ、スケジューラーやロギングの仕組みも整っており、個人で使うには非常に優れた選択肢です。

ただし、これは筆者の見解ですが、Gitでの開発フローと組み合わせて使うには多少工夫が必要であることや、スプレッドシート上のデータを扱う際に癖があるということもあり、複数人で開発するケースにはあまり適していません。

簡単に、筆者が利用している開発手法をお伝えします。

GoogleがclaspというGoogle Apps Script用のCLIを提供しています。そのツールを使うことで、ローカルのスクリプトファイルのpush/pullが可能なので、これをGitと組み合わせながら使っています。

また、ローカルのエディターで開発していく上でGoogle固有のサービスを利用するコードを書くのが大変なので、TypeScriptを利用して便利に開発を進めています。claspを使っていれば、コードのpush時にTypeScriptを変換してくれます。

AWS Lambda/GCP Cloud Functions

一方のAWS LambdaやGCP Cloud Functionsはサーバーレスの文脈中で語られることの多いFaaSです。同じプラットフォームの別サービスと連動したイベントに基づいた処理を書くことができます。

AWS LambdaではDynamoDB（データストア）やSQS（キュー）、S3（ストレージ）などをトリガーとして起動でき、アプリケーションを組むことが可能です。GCPでは、RealTimeDatabaseやireStore、Cloud StorageやCloud Pub/Subになります。

たとえば、次のようなイベントに基づいて処理が発火されます。

・ストレージに画像が保存されたら何らかの処理を行う

・データストアにユーザーが保存されたら何らかの処理を行う

・フロントエンドのAPIエンドポイントとして処理を行う

こういった処理を組み合わせることで、サーバーレスなアプリケーションを組むことができます。処理を関数単位で独立して書くことに慣れると、従来のサーバーがHTMLを吐き出すアーキテクチャより早くアプリケーションを開発することができるため、より早く製品を提供できるようになります。

もちろん、こういったFaaSサービスを使った場合でも、フロントエンドのアプリケーションと連携させることも可能です。

この本でサーバーレスの魅力を少しでも感じた方は、サーバーレスなアプリケーション開発にも興味を持っていただけると嬉しいです。

付録A　Functionsの便利イディオム

　本章では、関数を実装するときによく検索したくなる情報をまとめました。ぜひ手元に置きながら開発を進めてみてください。

A.1　event引数の中身

　関数を実装するときによく検索するevent引数の情報です。次のコードをsrc/args.jsに実装した場合の出力を紹介します。contextはランタイム情報[1]で、callbackはレスポンス用の関数なので、一番使用頻度の高いeventの中身を取り上げます。

src/args.js

```
exports.handler = function(event, context, callback) {
  console.log(JSON.stringify(event, null, 4))
  callback(null, {
    statusCode: 200,
    body: "pong",
  });
}
```

GETリクエスト

　https://[APP_NAME].netlify.com/.netlify/functions/args?hoge=aa&huga=11 へのリクエスト時のeventの中身です[2]。
　GETリクエストでは、URLのクエリパラメータがqueryStringParametersとなっているのがポイントです。

```
{
    "path": "/.netlify/functions/args",
    "httpMethod": "GET",
    "headers": {
        "accept": "",
        "accept-encoding": "",
        "accept-language": "",
        "client-ip": "",
```

1.https://docs.aws.amazon.com/ja_jp/lambda/latest/dg/nodejs-prog-model-context.html
2.headers（リクエストヘッダー）の中身は省略しています。

66　　付録A　Functionsの便利イディオム

```
        "connection": "",
        "upgrade-insecure-requests": "",
        "user-agent": "",
        "via": "",
        "x-bb-ab": "",
        "x-bb-client-request-uuid": "",
        "x-bb-ip": "",
        "x-bb-loop": "",
        "x-country": "",
        "x-forwarded-for": "",
        "x-forwarded-proto": "",
        "x-language": ""
    },
    "queryStringParameters": {
        "hoge": "aa",
        "huga": "11"
    },
    "body": "",
    "isBase64Encoded": true
}
```

POSTリクエスト

　POSTで送るケースは、JSONでデータを送る場合とFormData[3]としてデータを送る場合があります。

　GETリクエストの例と同じく、https://[APP_NAME].netlify.com/.netlify/functions/args へのリクエスト時のeventの中身を紹介しています。

1．JSONでデータを受け取るケース

リクエストボディの中身

```
{
    "fuga": "bb",
    "hoge": "aa"
}
{
    "path": "/.netlify/functions/args",
    "httpMethod": "POST",
    "headers": {
        "accept": "",
```

3.Content-Type＝application/x-www-form-urlencoded。 multipart/form-data の場合は扱いません。

付録A　Functionsの便利イディオム　　67

```
        "accept-encoding": "",
        "client-ip": "",
        "connection": "",
        "content-length": "",
        "content-type": "",
        "user-agent": "",
        "via": "",
        "x-bb-ab": "",
        "x-bb-client-request-uuid": "",
        "x-bb-ip": "",
        "x-bb-loop": "",
        "x-country": "",
        "x-forwarded-for": "",
        "x-forwarded-proto": ""
    },
    "queryStringParameters": {},
    "body": "{\"hoge\": \"aa\", \"fuga\": \"11\"}",
    "isBase64Encoded": false
}
```

bodyは次のコードを実行することでJSのオブジェクトとして扱えます。

```
JSON.parse("{\"hoge\": \"aa\", \"fuga\": \"11\"}")
=> {hoge: "aa", fuga: "11"}
```

2. FormDataでデータを受け取るケース

リクエストボディの中身
```
hoge=aa&fuga=bb
{
    "path": "/.netlify/functions/args",
    "httpMethod": "POST",
    "headers": {
        "accept": "",
        "accept-encoding": "",
        "client-ip": "",
        "connection": "",
        "content-length": "",
        "content-type": "",
        "user-agent": "",
        "via": "",
```

```
        "x-bb-ab": "",
        "x-bb-client-request-uuid": "",
        "x-bb-ip": "",
        "x-bb-loop": "",
        "x-country": "",
        "x-forwarded-for": "",
        "x-forwarded-proto": ""
    },
    "queryStringParameters": {},
    "body": "hoge=aa&fuga=11",
    "isBase64Encoded": false
}
```

bodyのkey=valueという表記は、querystringと呼ばれる形式です。これを扱うには、urlモジュールが提供しているURLSearchParamsを使うといいでしょう。次のような形で使えますが、JSONで受け取る形式に比べて扱いが煩雑になります。

```
import { URLSearchParams } from 'url'

exports.handler = function(event, context, callback) {
  const params = new URLSearchParams(event.body)
  for (let [key, value] of params.entries()) {
    console.log(key, value)
  }
  // => hoge: "aa"
  // => fuga: "11"
}
```

A.2　逆引きシチュエーション

次のようなよくあるケースの実装例をまとめました。
1.「GET/POSTを判断して処理を行う」
2.「パラメータをチェックしつつ処理を行う」
3.「IPアドレスを見て処理を行うか決定する」
4.「レスポンスヘッダーを変更する」
5.「ステータスコード404を返す」

GET/POSTを判断して処理を行う

POSTリクエストは受け付けずGETリクエストのみ扱うというケースです。「A.1 event引数の中

付録A　Functionsの便利イディオム　　69

身」で掲載したevent引数の中身を参考にすると、httpMethodを用いることで次のように実現できます。

```
function createReponse(status, body) {
  return {
    headers: {
      'Content-Type': 'application/json'
    },
    statusCode: status,
    body: JSON.stringify(body)
  }
}

exports.handler = function(event, context, callback) {
  if (event.httpMethod !== "GET") {
    callback(null, createReponse(400, {
      message: "This request is invalid"
    }))
  }
  callback(null, createReponse(200, {
    message: "This request is valid"
  }))
}
```

パラメータをチェックしつつ処理を行う

「A.1 event引数の中身」で説明したようにGETリクエストではqueryStringParameters、POSTではJSON.parseを使うことでパラメータを取得できます。また、特定のパラメータをもつ場合のみに処理を実行するケースも多いと思います。

次のコードはクエリパラメータにhogeがなければ無効とみなし、パラメータによって処理結果が異なるコードの例です。

```
function createReponse(status, body) {
  // 略
}

exports.handler = function(event, context, callback) {
  const params = event.queryStringParameters
  console.log(params)
  if (event.httpMethod !== "GET" || !params.hoge) {
```

70 | 付録A Functionsの便利イディオム

```
    callback(null, createReponse(400, {
      message: "This request is invalid"
    }))
  }
  callback(null, createReponse(200, {
    message: `hoge is ${params.hoge}`
  }))
}
```

IPアドレスを見て処理を行うか決定する

IPアドレスも判断したい場合もあります。その際は、headersの中にあるclient-ipを使うといいでしょう。

```
function createReponse(status, body) {
  // 略
}

exports.handler = function(event, context, callback) {
  if (event.headers["client-ip"] !== "YOUR IP") {
    callback(null, createReponse(400, {
      message: "This request is invalid"
    }))
  }
  callback(null, createReponse(200, {
    message: "This request is valid"
  }))
}
```

レスポンスヘッダーを変更する

本編でもレスポンスヘッダーを返す例はありましたが、callbackの第2引数にわたすresponseのheadersに、変更したいヘッダーを入れるだけで変更できます。

```
exports.handler = function(event, context, callback) {
  const body = {
    message: "I Changed headers"
  }
  callback(null, {
    headers: {
```

付録A　Functionsの便利イディオム　71

```
      'Content-Type': 'application/json'
    },
    statusCode: 200,
    body: JSON.stringify(body)
  }));
}
```

ステータスコード404を返す

　ブラウザーのJSから呼び出す関数では、ステータスコードも適切に返す必要があります。callback
の第2引数にわたすresponseのstatusCodeを、404などの適切なステータスコードにするだけで十
分です。

　次のコードは404を返す例です。

```
exports.handler = function(event, context, callback) {
  callback(null, {
    headers: {
      'Content-Type': 'application/json'
    },
    statusCode: 404,
    body: JSON.stringify({
      message: "This is 404"
    })
  })
}
```

付録B　TypeScript対応

　Microsoftによって作られた静的型付け言語である、TypeScriptの人気が高まっています。JavaScriptに対して、型を付け加えたものがTypeScriptです。

　TypeScriptを使うことで、エラーが少なく保守しやすいコードを容易に書くことできます。

　そこで本章では、Netlify FunctionsでTypeScriptで扱う方法を取り上げます。ある程度TypeScriptを使用したことのある前提で説明します。

B.1　ボイラープレートの紹介

　筆者がメンテナンスしているTypeScriptのボイラープレートを紹介します。

---
mottox2/netlify-functions-typescript-starter

https://github.com/mottox2/netlify-functions-typescript-starter

---

使い方

　`your-project-name`の部分は作りたいプロジェクト名に置き換えてコマンドを実行してください。

　エディターはTypeScriptのサポートがデフォルトで充実しているVisual Studio Codeの使用を推奨しています。

```
git clone --depth 1 --single-branch --branch master \
https://github.com/mottox2/netlify-functions-typescript-starter.git \
your-project-name
```

　コマンドを実行すると、指定したディレクトリにファイルが展開されます。`src/index.ts`にサンプルの関数があるので、それを参考に作りたい関数をつくってみてください。

リポジトリーの解説

　リポジトリーの中身がわからないと納得できない方のために、どういうふうにリポジトリーをつくっていったかを確認します。2018年11月現在の情報です。

　納得しなくてもいい方は読み飛ばしても問題ありません。

　netlify-lambdaをインストールし、@babel/preset-typescriptも一緒にインストールしてください。これはTypeScriptをJavaScriptに変換するためのライブラリーです。

```
$ npm install --save-dev netlify-lambda
$ npm install --save-dev @babel/preset-typescript
```

.babelrcというファイルを次の内容でアプリケーション直下に追加してください。

.babelrc
```
{
  "presets": [
    "@babel/preset-typescript",
    [
      "@babel/preset-env",
      {
        "targets": {
          "node": "6.10.3"
        }
      }
    ]
  ],
  "plugins": [
    "@babel/plugin-proposal-class-properties",
    "@babel/plugin-transform-object-assign",
    "@babel/plugin-proposal-object-rest-spread"
  ]
}
```

これでTypeScriptを扱うための準備が整いました。

Hello TypeScript!

型の情報を持っているパッケージをインストールします。次のコマンドでインストールしてください。

```
$ npm install --save-dev @types/aws-lambda
```

サンプルコードを次のような内容で作成します。自分のコードに当てはめて、Bodyの定義などは場合によって置き換えてください。

src/sample.ts
```
// 型定義ファイルを読み込み。@typesを直接使うとエラーになるので@ts-ignoreで無視する。
import {
  APIGatewayProxyEvent,
```

74 | 付録B　TypeScript 対応

```typescript
  APIGatewayProxyCallback,
  // @ts-ignore
} from '@types/aws-lambda'

// event.body をパースした時の型を定義（任意）
interface Body {
  token: string
}

// Context の型定義は Netlify 独自のもので型定義が存在しないため any 型を使用。
exports.handler = async (
  event: APIGatewayProxyEvent,
  context: any,
  callback: APIGatewayProxyCallback
) => {
  if (!event.body) {
    callback(null, {
      statusCode: 200,
      body: ''
    })
    return
  }
  const body : Body = JSON.parse(event.body)

  // ここに処理を書く。

  callback(null, {
    statusCode: 200,
    body: body.token
  })
}
```

　あとは npm scripts として定義した netlify-lambda のタスクを実行してみてください。ts ファイルが問題なく実行できるはずです。

より堅牢なコードを書くために

　TypeScript ではエラーを検出しやすいのですが、netlify-lambda では厳密な構文チェックを行っていません。

　netlify-lambda では、JavaScript の compiler である babel を通して TypeScript の変換を行っています。babel を通した変換では厳密な構文チェックは行えないので、この部分だけ TypeScript の

付録 B　TypeScript 対応　　75

compilerを使うことで堅牢なコードを書きやすくなります。

まず、次のコマンドでTypeScriptをインストールして、package.jsonに次のnpm scriptsを追加します。

tscはTypeScriptのコンパイルを行ってくれるコマンドですが、--noEmitオプションをつけることでコンパイル結果を出力しないようにします。

```
$ npm install --save-dev typescript
```

package.json

```
{
  ...
  "scripts": {
    ...
    "type-check": "tsc --noEmit"
  }
  ...
}
```

あとがき

　筆者が初めてNetlifyを触ったのは、2018年の年始に個人開発に勤しんでいた時でした。シングルページアプリケーションのホスティングを目的として利用を始めたNetlifyでしたが、使えば使うほど、静的サイト中心のアーキテクチャの可能性を感じていきました。

　Netlifyを使い込んでいくほどに、「Netlifyはもっと知られるべきだ」「気軽にサーバーレスの構成を試してほしい」という気持ちは強くなり、ブログや勉強会でのライトニングトークでの布教活動を行ってきました。もっと伝えたいという気持ちで技術書典5での頒布を行い、ニッチな分野であるにもかかわらず多くの人にNetlifyを知ってもらうことができました。

　今回、商業版を出版することを決めたのは、ブログでも勉強会でも技術書典でも情報にたどり着くことができない開発者に向けて本を届けたいという気持ちからです。

　同人誌版から情報もアップデートされ、netlify-lambdaの本体にも貢献してより便利にNetlifyを使えるような活動も行ってきました。本書を通してよりNetlifyの利用者や、サーバーレスへの入門者が増えていけばいいと思っております。

　最後に、本書をブラッシュアップするにあたってご協力頂き、Netlifyを布教する同士でもあるナベ（@nabettu）さんには大きな貢献をしていただきました。また、本書の出版のきっかけを与えてくれたインプレスR&Dの山城さんにも感謝しています。

著者紹介

竹本 雄貴（たけもと ゆうき）

「つのぶえデザイン」の屋号でWeb開発を中心に行うフリーランスエンジニア。スタートアップや中小企業を中心に開発支援・技術相談・UIデザインを行っている。多くの新規サービス開発案件に携わって行く中で、立ち上げ速度の早い開発手法を重視するようになった。Netlifyと相性がよい静的サイトジェネレーターであるGatsbyのメンテナー。Nuxt.jsやReactNative、Netlify系のOSSにもコントリビュートしている。
Blog: https://mottox2.com
GitHub: @mottox2
Twitter: @mottox2
note: https://note.mu/mottox2

◎本書スタッフ
アートディレクター/装丁：岡田章志＋GY
表紙イラスト：高野佑里
編集協力：飯嶋玲子
デジタル編集：栗原 翔

〈表紙イラスト〉
高野 佑里（たかの ゆり）
嵐のごとくやって来た爆裂カンフーガール。本業はGraphicとWebのデザイナー。クライアントと一緒に作っていくイラスト、デザインが得意。FirebaseやNetlifyなど人様のwebサービスを勝手に擬人化しがち。Twitter：@mazenda_mojya

技術の泉シリーズ・刊行によせて
技術者の知見のアウトプットである技術同人誌は、急速に認知度を高めています。インプレスR&Dは国内最大級の即売会「技術書典」（https://techbookfest.org/）で頒布された技術同人誌を底本とした商業書籍を2016年より刊行し、これらを中心とした『技術書典シリーズ』を展開してきました。2019年4月、より幅広い技術同人誌を対象とし、最新の知見を発信するために『技術の泉シリーズ』へリニューアルしました。今後は「技術書典」をはじめとした各種即売会や、勉強会・LT会などで頒布された技術同人誌を底本とした商業書籍を刊行し、技術同人誌の普及と発展に貢献することを目指します。エンジニアの"知の結晶"である技術同人誌の世界に、より多くの方が触れていただくきっかけになれば幸いです。

株式会社インプレスR&D
技術の泉シリーズ 編集長 山城 敬

●お断り
掲載したURLは2018年11月1日現在のものです。サイトの都合で変更されることがあります。また、電子版ではURLにハイパーリンクを設定していますが、端末やビューアー、リンク先のファイルタイプによっては表示されないことがあります。あらかじめご了承ください。
●本書の内容についてのお問い合わせ先
株式会社インプレスR&D　メール窓口
np-info@impress.co.jp
件名に『本書名』問い合わせ係』と明記してお送りください。
電話やFAX、郵便でのご質問にはお答えできません。返信までには、しばらくお時間をいただく場合があります。なお、本書の範囲を超えるご質問にはお答えしかねますので、あらかじめご了承ください。
また、本書の内容についてはNextPublishingオフィシャルWebサイトにて情報を公開しております。
https://nextpublishing.jp/

●落丁・乱丁本はお手数ですが、インプレスカスタマーセンターまでお送りください。送料弊社負担 にてお取り替えさせていただきます。但し、古書店で購入されたものについてはお取り替えできません。
■読者の窓口
インプレスカスタマーセンター
〒101-0051
東京都千代田区神田神保町一丁目105番地
TEL 03-6837-5016／FAX 03-6837-5023
info@impress.co.jp
■書店／販売店のご注文窓口
株式会社インプレス受注センター
TEL 048-449-8040／FAX 048-449-8041

技術の泉シリーズ
Netlifyで始めるサーバーレス開発

2019年1月25日　初版発行Ver.1.0（PDF版）
2019年4月12日　Ver.1.1

著　者　竹本 雄貴
編集人　山城 敬
発行人　井芹 昌信
発　行　株式会社インプレスR&D
　　　　〒101-0051
　　　　東京都千代田区神田神保町一丁目105番地
　　　　https://nextpublishing.jp/
発　売　株式会社インプレス
　　　　〒101-0051　東京都千代田区神田神保町一丁目105番地

●本書は著作権法上の保護を受けています。本書の一部あるいは全部について株式会社インプレスR&Dから文書による許諾を得ずに、いかなる方法においても無断で複写、複製することは禁じられています。

©2019 Yuki Takemoto. All rights reserved.
印刷・製本　京葉流通倉庫株式会社
Printed in Japan

ISBN978-4-8443-9873-8

Next Publishing®
●本書はNextPublishingメソッドによって発行されています。
NextPublishingメソッドは株式会社インプレスR&Dが開発した、電子書籍と印刷書籍を同時発行できるデジタルファースト型の新出版方式です。https://nextpublishing.jp/